"十二五"上海重点图书

"纳米改变世界"青少年科普丛书

本书出版由上海科普图书创作出版专项资助

纳米生活

Nano Life

施鹤群　吴猛／编写

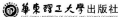

华东理工大学出版社
EAST CHINA UNIVERSITY OF SCIENCE AND TECHNOLOGY PRESS

·上海·

目录

"小不点"的王国

　　将一个纳米的小球放在一个乒乓球表面的话，从比例上看，就像是把一个乒乓球放在地球表面。可见，纳米材料是物质世界名副其实的"小不点"。

　　在纺织、家电、医药、建材、化工、石油、汽车、航空、航天、环保、军事装备、通信设备等众多领域，以及从家电到生活用品，再到我们穿的衣服，都有纳米材料制造的产品。纳米材料与技术正改变物质世界的面貌，使我们的生活越来越美好。

　　"小不点"就这样悄悄来到物质世界，给我们的工作和生活带来了种种便利，改变了许多事物的本来面貌，也将改变我们的生活方式和工作方式，还将给世界带来翻天覆地的变化。

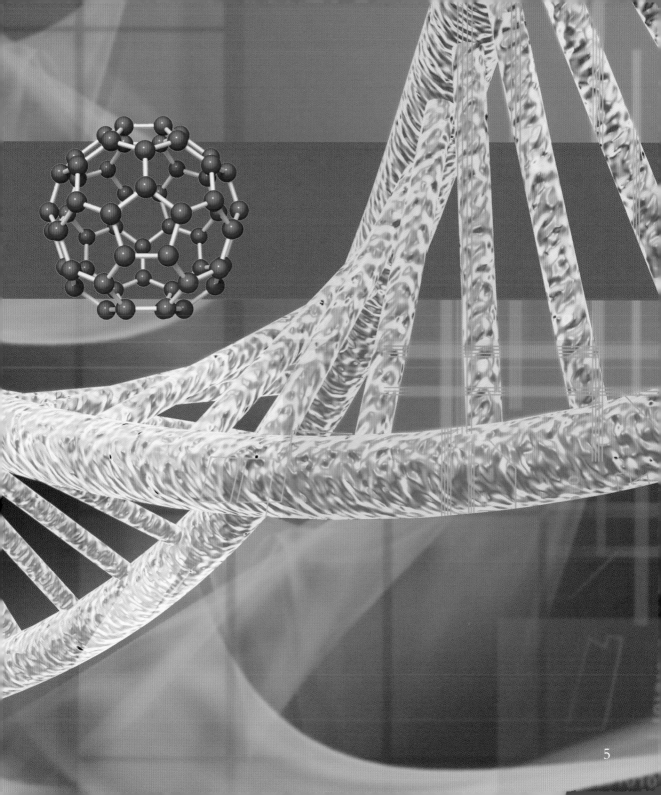

"小不点"的发现

1980年的一天，德国物理学家格莱特正在澳大利亚旅游，当他独自驾车横穿澳大利亚的大沙漠时，狂风夹着沙砾向他扑面袭来，身心受到极大考验。那沙漠的空旷和寂寞，极大地激发了他的想象力。

此刻，格莱特处在沙砾的世界，他周围满天、满地全是沙砾。他想，如果组成材料的粒子细到只有几个纳米大小，材料会是什么样子呢？或许会发生"翻天覆地"的变化吧！

就在那次旅游后，格莱特动手进行试验研究。经过将近4年的不懈努力，终于在1984年制得了只有几个纳米大小的超细粉末材料，这就是纳米材料。它就这样悄无声息地来到了科学家实验室，成为材料王国的一员。

物理学家格莱特就成为世界上第一个研制出纳米材料的科学家。而纳米材料就这样成为一种材料，并在未来彻底改变人们的思维方式。

德国物理学家
格莱特
(H. Gleiter)

理查德·费曼

理查德·费曼（Richard Feynman），美国著名的物理学家，他提出了费曼图、费曼规则和重正化的计算方法，这些都是研究量子电动力学和粒子物理学不可缺少的工具。1965年，费曼因在量子电动力学方面的贡献同他人一同获得诺贝尔物理学奖。

人丁兴旺的
纳米家族

纳米材料虽然是材料世界的 "小不点"，但它却是现代材料世界里的重要一员。

纳米材料是一个大家族，成员众多，有各种各样的类型。按照材质，可分为金属纳米材料、无机纳米材料、有机纳米材料等；按照用途，可分为功能纳米材料和结构纳米材料；按照特殊性能，又可分为纳米润滑剂、纳米光电材料、纳米半透膜等；按材质形态，则可分为纳米粉末、纳米纤维、纳米膜、纳米块体等。

纳米粉末又称超微粉、超细粉，指粒度在10nm以下的粉末或颗粒，它被开发时间最长、技术最为成熟，是生产其他纳米材料的基础。另外，它被应用领域也最广，在催化、粉末冶金、燃料、磁记录、涂料、传热、雷达波隐形、光吸收、光电转换、气敏传感等方面有巨大的应用前景。

随着纳米材料研究的不断深入，纳米材料家族的成员将会更多，纳米材料家族会更加人丁兴旺。

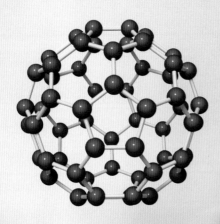

材料王国
刮起了风暴

纳米材料的出现，使得材料王国刮起了风暴，发生了革命性变化。纳米材料之所以有如此威力，是因为纳米材料与一般材料不同。

纳米材料与一般材料有什么不同呢？更轻、更好、更强这六个字足以概括纳米材料区别于其他材料的特性。

激动人心的纳米时代即将到来，人们的生活也将发生翻天覆地的变化。

纳米材料与一般材料的不同

更轻 指借助于纳米材料和技术，可以制备体积更小但性能不变甚至更好的器件，使其更轻盈。就像第一台计算机刚出现时，体积十分庞大，需要三间房子来存放，后来由于半导体材料和技术的发展，才实现了其小型化，从而使计算机能方便地进入千家万户。

更好 指纳米材料可望有着更好的光、电、磁、热性能，如用纳米材料可制成隐形涂料。

更强 指纳米材料有着更强的力学性能，如强度和韧性等，就纳米陶瓷而言，纳米化可望解决陶瓷的脆性问题，并可能表现出与金属等材料类似的塑性。

制造业中的排头兵

每一次产业革命的降临首先在制造业中发生，并在制造业中开花结果。第一次产业革命是以英国发明和应用了蒸汽机开始的；第二次产业革命是以德国发明和应用了内燃机与电力技术开始的；第三次产业革命是以美国发明和应用了微电子与信息技术开始的。如果新的产业革命是以纳米材料和纳米技术应用开始，那么也必将首先在制造业中发生，并在制造业中开花结果。虽然在制造业中纳米新材料不是最终产品，但是其位置很重要，是制造业的排头兵，引领现代制造业的发展。利用纳米材料和纳米技术制造的各种神奇的纳米产品，对社会生产的各个领域和现代人生活将产生深刻影响。

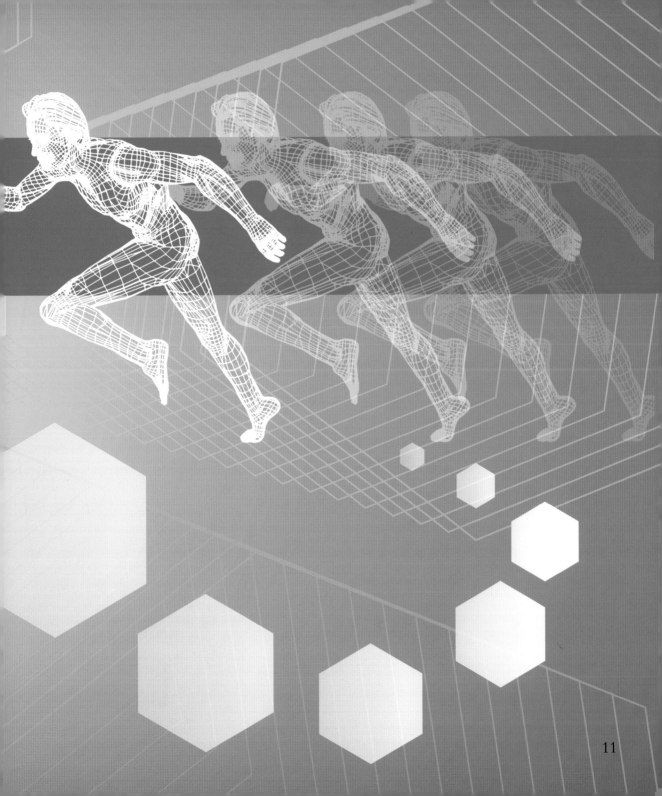

纳米材料与制造业

"小不点"纳米材料的出现，使材料学科发生深刻变化，也给制造业带来重大影响。

纳米新材料的出现为电子、生物、交通、能源、环保、信息产业的新产品开发提供了物质基础，使得这些产业能够不断地开发新产品。这就需要制造业科技人员去研究如何发挥纳米材料的特性，设计制造出符合市场需求的纳米新产品。

纳米材料在制造业中的应用范围极其广泛，单是交通工具制造来说，就存在着许多机遇和意想不到的应用范围。就纳米涂料而言，虽然它并不是直接跟交通有关，但有一种纳米漆可以涂覆在汽车的外壳，当汽车的外壳受损，如出现刮痕、凹痕等，它能自动修复。还有一种纳米漆是涂覆在飞机的外壳，它不仅比传统的油漆轻许多，可为飞机"减肥"，增加有效载重量或减少油耗，还可以保持飞机外观漂亮与清洁。还有些纳米涂料拥有超级疏水的特性，它可以使交通工具外表像荷花叶一样"出淤泥而不染"，可以让交通工具外表保持亮丽。

身边的纳米家电

近年来大家可能都听到或看到过纳米家电广告，什么"纳米系列冰箱、滚筒洗衣机"上市啦，而且不久就脱销了，短短几天的时间，这些纳米家电在全国掀起了销售高潮。

让我们来看看，市场上出现的纳米家电是不是纳米产品？有什么特异功能呢？

先来看看纳米冰箱，它成功地运用纳米组合材料来实现抑菌防霉、杀菌保鲜、清除异味等功能，具体而言，纳米冰箱应用了由纳米材料制成的箱体和附件，如纳米抗菌内衬门把手、纳米防霉门封条、纳米复合增强材料、纳米陶瓷涂料和纳米清味剂。这样就使冰箱内食物的储存环境有了极大改善，增强了冰箱的抑菌保鲜功能。

再来看看纳米洗衣机，所谓纳米洗衣机是纳米材料在洗衣机上的应用。洗衣机本应是用来洗洁衣物的，由于长时间使用，内部驻留了污垢，会产生霉变、滋生细菌，势必影响对衣物的洗洁及洗后的卫生情况，使洗后的洗物难以真正干净。纳米洗衣机外筒采用由纳米技术处理的纳米复合材料加工而成，保证洗衣机时刻处于清洁状态，消除了对衣物的二次污染。

冬天已经过去，春天还会远吗？人们对纳米家电产品满怀期望，相信纳米材料家电产品还会不断推陈出新，让我们拭目以待。

纳米冰箱
纳米洗衣机
纳米微波炉

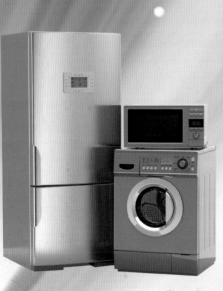

令人惊艳的纳米汽车

纳米增韧增强塑料可以用来制造汽车车体，可以极大地减轻汽车重量，也可以用来制造车门、座椅、保险杠，以及发动机室内的各个子系统，甚至像变速器箱体、齿轮传动装置、发动机气缸体等重要的部件，也可以用纳米增韧增强塑料制造。

高效的纳米抗菌塑料应用于车门把手、座椅靠背、转向盘、车身内饰等部件的制造，可以显著改善出租车、公交车等人员频繁流动的车内卫生条件，预防传染性疾病的传播。

世界知名汽车制造商——戴姆勒-克莱斯勒公司从2004年开始，即在该公司所有系列轿车上采用新型纳米油漆，这种油漆不仅比传统油漆亮丽，而且当车身与其他物体轻微碰撞时，可以防止刮痕出现。

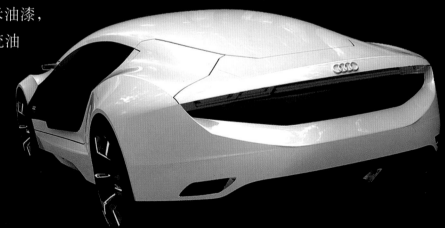

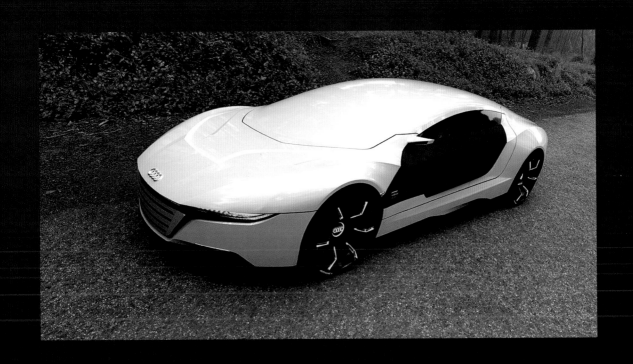

奥迪A9
纳米材料概念车

　　奥迪汽车制造商推出的奥迪A9概念车型，这款面向未来的低排放混合动力汽车，车身主要特征是采用了纳米材质一体式设计的挡风玻璃和全景天窗。另一亮点是装备了一套独特的可以自动修复划痕的装置，这套装置也是利用纳米材料与纳米技术制造的，能够在受到损坏之后自我修复，而且能够根据驾驶者的要求调整车身颜色和透明度。

太空里的双胞胎——人造卫星和宇宙飞船

纳米材料的出现和纳米技术的发展，使得卫星体积越来越小，乃至出现了纳米卫星。由于它的部件都集成在芯片上，故也被称为"芯片级卫星"。

纳米卫星的出现，使得外太空更加热闹，功能不同的千百颗纳米卫星可以按一定的要求分布在不同的轨道上，组成一个卫星网，可以连续不断监视地球上的任何角落。它们和大型卫星并存，可以灵活机动地协同工作，使得人类能够更有效地利用太空。

人造卫星和宇宙飞船是太空里的一对"双胞胎"，它们几乎是同一时期来到这个世界。通过研究纳米推进器，制造缝衣针大小的纳米飞船进行远距离飞行，或许将来微型飞船的速度能加速到接近光速，人们可以用它们探索太阳系附近的其他恒星。

纳米卫星

宇宙飞船

16

异想天开的升降机

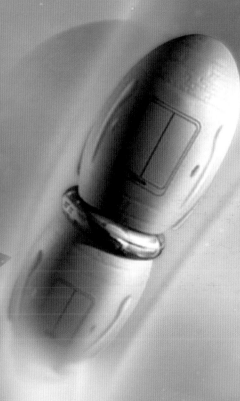

太空电梯

最早提出太空天梯设想的是俄罗斯著名科学家齐奥尔科夫斯基，他提议在地球静止轨道上建设一个太空城堡，垂放一根缆绳锚泊在地球赤道上，就可成为通向太空的天梯。这架梯子可以笔直地通向静止轨道，成为向太空运输人和物的新捷径。

碳纳米管在1991年研制成功。单个纳米碳管的直径很小，5万个纳米碳管并排在一起仅相当于一根头发丝的直径。用纳米碳管做成的太空缆绳，与钢或其他材料制成的缆绳不同，它能支持住自身的质量而不会断掉。纳米材料的出现使人类建造太空天梯的幻想成为可能。

如果能用纳米材料和纳米技术制成太空天梯，就可昼夜不停地开展运输工作，把旅游者和货物送入太空，并能大大降低运输费用。人们甚至可以在月球或其他星球上建造"太空天梯"，从而能够推动空间技术实现跨越式发展。

给力新能源

现代人工作、学习、生活都离不开能源，人民物质和文化生活逐步改善和提高，社会的进步和发展都离不开能源。

随着人类社会工业化进程不断加快，矿物燃料的开采技术越来越先进，规模越来越大。但是，矿物燃料是不可再生能源，开采一点少一点，矿物燃料资源枯竭问题迟早会发生。大规模使用矿物燃料能源的另一个问题是煤炭、石油、天然气等矿物燃料燃烧时会产生二氧化碳等温室气体。温室气体会使全球气候变暖，导致环境污染。近些年雾霾天气越来越多，人类赖以生存和发展的生态环境不断遭到破坏。于是，又产生了生态环境污染问题。

为此，人们的注意力开始放在开发、利用可再生能源方面，即新能源；同时人们开始节约能源，减少能耗。纳米材料具有的特殊效应及在光、声、热、电、力、磁等方面的特殊性能，给传统能源产业带来了活力，更可在新能源开发、利用和节能中大显身手，真可谓是"给力新能源"。

太阳能是一种新能源，制备具有纳米结构的光谱选择性吸收薄膜，其光谱吸收率高、反射率较低，可用于制造更好的太阳能集热器，提高光热转换效率，使太阳能得到充分利用。

氢能源也是一种新能源。当今光解水的几种途径，如光电化学池法、光辅助络合催化法、半导体催化法等，由于转化效率低及速度等问题尚未得到广泛应用。研究人员设想利用纳米技术开发出类似于活性酶的活性水催化剂，使水的活性大大提高，从而提高水分解的效率，实现太阳能分解水制氢。

核能是一种清洁能源，不会产生温室气体，也不会产生环境污染。但其核反应堆内壁是采用不锈钢材料制成而导致用久了之后将会造成孔洞、裂缝等。美国科学家蒂米科维茨博士提出采用纳米复合材料代替金属材料，以提高抗辐射能力。不同类型的核反应堆会选择不同的纳米复合材料，例如，铁基的纳米复合材料用于裂变反应堆，而钨基的纳米复合材料用于核聚变反应堆。

突破太阳能电池瓶颈

太阳能是地球上许多能量的来源，如风能、矿物燃烧后的化学能、水能、波力能等，都是由太阳能导致或转化成能量的形式。

太阳能电池是目前世界上利用太阳能的一种方法。传统的太阳能电池材料主要是硅材料，但总体来说硅太阳能电池转换效率不高，且会导致环境污染。随着光伏产业的迅速发展，硅材料日益短缺，这就成了大规模推广太阳能电池的瓶颈。另一个瓶颈是系统各方面的配套问题，其中最关键的就在于储能用蓄电池，当前主要应用为铅酸蓄电池，其弊端在于污染严重。

纳米结构半导体材料的出现为新一代光电材料的研究指明了方向。半导体换成纳米材料，一个光子能产生很多个带电体，可形成更高电压，储存更多电能，太阳能的利用率就会大幅提高。太阳电池纳米材料的出现和应用，突破了太阳能电池的技术瓶颈，推进了太阳能电池快速发展。

知识链接

光伏发电技术

光伏发电技术是一种将太阳能直接转换为电能的技术。它是利用半导体界面的光生伏特效应而将光能直接转变为电能的一种技术。这种技术的关键元件是太阳能电池。光伏发电的优点是较少受地域限制，具有安全可靠、无噪声、低污染、无需消耗燃料和架设输电线路即可就地发电供电及建设周期短的优点。

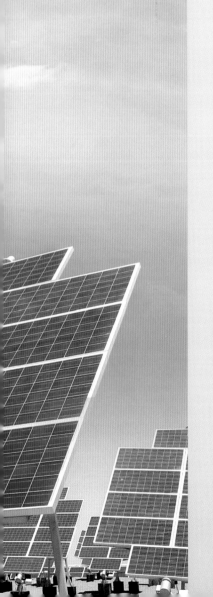

开发"第五种能源"尖兵

　　"第五种能源"是中国国家电网公司在2010年4月19日发布的《国家电网公司绿色发展白皮书》中提出的新观点。所谓"第五种能源"就是指节能，它是除石油、煤炭、水能、核能四种主要能源以外的能源。

　　在传统能源的合理利用和一些行业的节能方面，纳米材料和纳米技术更可以大显身手。

　　高炉炼铁生产中使用纳米节能涂料，将它们涂覆在高炉热风炉蓄热体表面，可以提高炉子的热效率，从而提高热风温度和减少燃料消耗。

　　炼油生产冷换设备系统中，因冷却器管束的内壁极易结垢，导致换热效率下降。科技人员采用纳米涂料对冷却器进行涂装，发现采用钛纳米涂层的管束传热效率有了明显提高，可以节约能源消耗，同时解决了油气对碳钢管束的腐蚀问题，延长了设备的使用寿命。

　　纺织业和铝电解工业是污染耗能大户，已被我国列为重点污染行业。将一种纳米添加剂添加到用于纺织工业减速机上的润滑油中，发现可以使得减速机的负载电流出现下降，达到节能效果。

"小不点"
发挥大智慧

在石油资源日见枯竭、环境污染日益严重的形势下，汽车行业开发新能源汽车已成为人们共识，科研人员为此研发了各种类型的新能源汽车。在新能源汽车中最被看好的是纯电动汽车，它不排放温室气体，不污染环境，电力可从多种一次能源中获得。

现在很多企业和科研机构都在努力进行关于新能源汽车的研究。在这场发展电动汽车和车载电源竞赛中，"小不点"纳米材料也是积极的参与者。

大连某材料公司推出多孔纳米硅碳复合材料，该材料可用于汽车动力电池，可使电池储存电量达到传统电池的3倍，从而摆脱目前动力汽车电池储存电量不足的技术瓶颈。

纳米动力电池在车载动力电池竞争中能否胜出，哪家研发的纳米动力电池夺得头筹，让我们拭目以待！

知识链接

电动汽车

电动汽车是指以车载电源为动力，用电机驱动车轮行驶，符合道路交通、安全法规各项要求的车辆。它由车载电源为驱动电动机提供电能，电动机将电源的电能转化为机械能。由于对环境影响相对传统汽车较小，其前景被广泛看好。目前应用最广泛的电源是铅酸蓄电池，但其能量低，充电速度慢，寿命短，逐渐被其他新型蓄电池所取代。

纳米材料建筑节能

大部分热量透至室内

普通玻璃

小部分热量透至室内

生态纳米
液晶膜

纳米材料与纳米技术在节能领域的应用十分广泛，建筑节能是其中重要的一项。

建筑节能范围既包括建造过程中的能耗，有建筑材料、建筑构配件、建筑设备的生产和运输以及建筑施工和安装中的能耗；又包括使用过程中的能耗，有房屋建筑和构筑物使用期内采暖、通风、空调、照明、家用电器、电梯和冷热水供应设备的能耗。目前，我国建筑能耗已占全社会总能耗的40%。

纳米隔热材料和纳米光电材料的研究和开发，为建筑节能开辟了新途径。我国科技人员制备出一种三维纳米多孔材料气凝胶，它的阻热性质极好，将它与建筑用水泥砂浆混合制成水泥墙板，可显著降低水泥板的热导率。利用这种水泥板建筑的房屋保温效果非常好。

利用纳米材料和纳米技术开发出来的纳米节能隔热玻璃涂料，能够在不隔断太阳光中可见光的同时，大幅度阻隔太阳光中红外线的辐射能量，提高室内、车内舒适性，同时降低制冷及供暖设备的能耗。由于纳米节能隔热玻璃涂料避免了传统玻璃隔热膜的很多不足之处，应用范围十分广泛，可用于包括政府机关、商铺用户、写字楼、大型商业建筑、大型公共建筑、民用住宅等建筑玻璃，以及汽车、火车、飞机、船舶的玻璃之上。

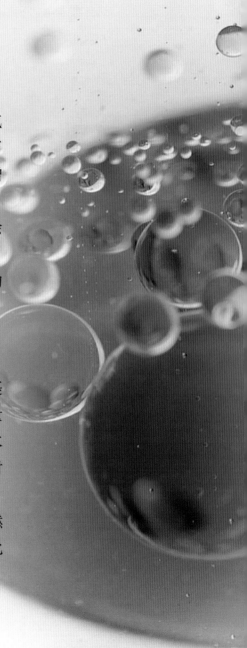

纳米燃油添加剂
的奥秘

　　随着我国经济的发展和人民生活水平的提高，汽车越来越多地进入普通家庭中，目前汽车每年消耗了国家大约95%的汽油和40%的柴油，汽车保有量的增加加剧了我国能源的紧张状况。

　　在汽车制造时采用纳米塑料、纳米陶瓷、纳米涂料可以减少汽车制造时的能源消耗；在汽车使用时，汽油中加入纳米燃油添加剂，或采用纳米技术研发的微乳化剂，不仅可以降低油耗，还提高了动力性能。

　　纳米燃油添加剂添加到汽油中会产生什么作用？它与节能又有什么关系呢？

　　纳米燃油添加剂加入燃油后，能迅速吸附并包裹胶质物。纳米汽油添加剂在燃油中万分之一的添加量可以在100微米的燃油雾滴中形成数以万计的纳米水炸弹，这些纳米水炸弹在燃烧室高温作用下，会同时发生爆炸，产生气体性"微爆"，让燃油二次雾化。纳米燃油添加剂是通过"微爆"起到促燃作用，使燃油完全燃烧，在降低油耗的同时还能达到降低氮氧化物减轻污染物排放、减少大气污染的目的。

机动车使用了纳米燃油添加剂，节油效果明显，特别适合长距离高速行驶，更能直观感受到节油效果，这样一年下来可节省不少燃油费开支呢。

　　大多数车辆首次使用纳米燃油添加剂后，明显感觉动力增强。使用纳米燃油添加剂可以改善燃油雾化效率，使油品中不可燃的胶质也能充分燃烧，从而达到消除黑烟、降低排放的功效。

　　由于纳米燃油添加剂有净化成分，还具有抗氧、清洗、分散、破乳、防腐、润滑等功效，对于已黏附在受热面等部位的油垢、胶质及燃烧室中的积炭有松化清洁作用。凭借纳米活化分子，使分散剂中的小分子迅速扩散，使发动机的动力提高，油耗降低。所以车辆使用纳米燃油添加剂后，可以减少排气管上的积炭，使滤清器、排气管、燃油系统保持清洁，并能明显减小发动机磨损，从而降低发动机的噪声，延长发动机使用寿命。

知识链接

纳米燃油添加剂

　　纳米燃油添加剂是指通过纳米技术将其微量元素制成纳米单位的成分配制其中，以提升产品功效。这是为了弥补燃油在某些性质上的缺陷，并赋予燃油一些新的优良特性的功能性物质。纳米燃油添加剂具有清洗、分散、破乳、抗氧、促燃、防腐、防锈、润滑、保洁等功能，其添加量以微量为特征，从百万分之几到百分之几。

环保战线的新卫士

城市，使生活更美好！城市之所以使生活美好不在于有多少高楼大厦，也不在于有多少条高速公路和轨道交通，而是要有适宜城市人民生活的生态环境。

雾霾笼罩的城市，高度空气污染的城市，那里的生活是不美好的。与雾霾作斗争，治理空气污染已成为许多大城市迫切需要解决的大问题。驱除雾霾、与雾霾抗争，人人有责！

纳米材料的特性使得它在环保领域，如资源持续利用、大气的净化、污水的处理以及城市垃圾处理等方面大有作为，纳米材料在环保领域的应用受到人们的关注，纳米材料成了环保战线新卫士！

消毒剂

消毒剂，又称化学消毒剂，用于杀灭传播媒介上病原微生物，使其达到无害化要求，将病原微生物消灭于人体之外，切断传染病的传播途径，达到控制传染病的目的。

在一些城市发生雾霾天气和沙尘暴天气期间，空气中含有有毒的纳米级的颗粒物质，它们容易被吸入肺内，危害人体健康。消除大气污染，处理污水，保护生态环境也需要纳米材料出力，需要纳米技术帮助。

利用纳米材料制作净化剂、助燃剂，可用于传统能源，它们能使煤炭充分燃烧，减少污染物排放，而且使煤炭燃烧产生自循环，减少了硫化物排放，且不再需要燃烧辅助装置。

纳米消毒剂是又一类用于环境保护的纳米材料。

例如，纳米银喷雾消毒液可以用于墙面、桌子、床和其他表面，来消除有害细菌，尤其是在厨房和浴室，它还可以用于医院、养老院、机场和其他公共场所，预防传染性疾病的发生。

蓝天新卫士

冬天，我国许多城市出现雾霾天气，空气重度污染，城市笼罩在一片浓雾中。

要消除雾霾，提高城市空气质量，就要控制空气污染，减少污染物和有害气体排放量。在控制空气污染的进程中，纳米材料和纳米技术大有可为。纳米材料进行空气净化的过程可分为化学过程和物理过程。所谓化学过程就是由于纳米材料的表面效应，增大了光催化的效率；而物理过程则指纳米材料的小尺寸效应使材料比表面积变大，产生高效的阻隔和吸附作用，对空气起到净化作用。

城市居民每天约有90%以上的时间在室内度过。虽然室内污染物的浓度往往较低，但由于接触时间很长，故其累积接触量也很高。使用纳米二氧化钛光催化剂就可以对这些污染物起到很好的降解效果，在室内空气深度净化方面显示出巨大的应用潜力。

垃圾——放错地方的资源

在工农业生产和人们的日常生活中，总会产生大量垃圾——固体废物。

不管哪种类型的垃圾如不加妥善收集、利用和处理，它们就会污染大气、水体和土壤，危害人体健康，给人类社会带来许多危害。垃圾场往往又是病毒、细菌等微生物滋生的温床，会直接影响人体健康。废灯管、废电池中含有汞、镉、铅等重金属物质，会损伤人体器官，导致重大疾病。

其实，垃圾具有两面性，在一定时间、地点，某些物品对用户不再有用成为废物，最终成为垃圾；但对另外一些用户而言，废物可能成为有用的甚至是必要的原料，而成为资源。有人把垃圾说成是放错地方的资源，是很贴切的，而且垃圾还是世界上唯一增长的资源。工业垃圾中的一些橡胶制品、塑料制品及废印刷电路板等固体废弃物，可以通过纳米技术将其中的异味去除，使其在原有的基础上成为再生原料，投入下一轮的生产制造中。

对于日常生活产生的大量城市垃圾，可利用纳米二氧化钛催化降解，其处理速度是大颗粒二氧化钛的10倍以上。

地球水资源守卫者

水是地球上一种最丰富的化合物，也是人类赖以生存的重要物质资源。由于地球上人口分布与淡水资源分布不成比例，加上水资源污染和使用过程中的浪费，世界上许多国家和地区存在着淡水资源紧张的情况。

我国的主要河流有机污染严重，水源污染日益突出。多数大型淡水湖泊处在富营养状态，水质较差。另外，全国大多数城市的地下水受到了污染，局部地区的地下水污染情况日益严重。

在传统的污水处理中，所用的处理技术除了成本高、效率低等劣势外，还在一定程度上存在着二次污染的问题。纳米材料与技术的出现和应用，能够有效地解决这些问题。

河流有机污染严重

纳米二氧化钛具有很强的光催化降解和紫外光吸收能力，它可以将水中的酸、烃类、含氮有机物、有机染料等快速完全氧化为水和二氧化碳等无害物质。同时纳米二氧化钛自身活性高，稳定、安全、价廉，且不存在二次污染隐患，所以得到人们的青睐。

纳米粒子通过光电子作用能对水中的重金属离子产生很强的还原作用。如纳米二氧化钛能将高氧化态的银、铂、汞等重金属离子吸附于表面，再将其还原成小颗粒金属。这样，不仅对重金属进行了回收，还消除了废水的毒性。

纳米材料在污水处理中除了作纳米催化剂外，还可作纳滤膜材料使用。纳滤膜能够截留小分子有机物并且可以透析出无机盐，其操作也更容易。

知识链接

纳滤膜

纳滤膜是允许溶剂分子或某些低分子量溶质或低价离子透过的一种功能性的半透膜。它是一种特殊而又很有前途的分离膜品种，它因能截留纳米大小的物质而得名。可用于去除地表水的有机物和色度，脱除地下水的硬度，部分去除溶解性盐，浓缩果汁以及分离药品中的有用物质等。

治理声污染尖兵

　　噪声是发声体做无规则运动时发出的声音，它由物体振动引起，以波的形式在一定的介质中进行传播。凡是干扰人们休息、学习和工作的声音，即不需要的声音，统称为噪声。当噪声对人及周围环境造成不良影响时，就形成了噪声污染。

　　现代社会的各种机械设备创造和使用，给人类带来了繁荣和进步，但同时也产生了越来越多且越来越强的噪声。噪声污染是四大环境污染之一。

噪声污染
来源

噪声污染会对人体生理产生影响，可引起耳部的不适，如耳鸣、耳痛、听力损伤。

噪声污染也会对人的心理产生影响，使人感到心烦意乱，因而无法集中精力专心地工作，会导致工作效率降低。在噪声环境中，人往往不得安宁，休息和睡眠受到严重干扰，从而会影响身体健康。

治理噪声污染要从声源、传播媒介和接收体三方面入手，即通过降低声源、限制噪声传播、阻断噪声的接收等手段，来达到控制噪声的目的。在这三种措施中也有纳米材料和纳米技术的用武之地。

纳米添加剂具有减摩抗磨特性，它可以用来控制噪声的产生。20世纪80年代后期，我国与世界同步开始了纳米摩擦学的研究。将一种纳米润滑剂运用到机器工作中，既能在物体表面形成光滑保护膜而起到润滑作用，又能将膜上的小颗粒作为超微轴承降低摩擦力，而使得噪声大大降低。

润滑剂在现代制造工业中具有重要作用，低噪声润滑剂成为近年来科研人员的研究重点。纳米金刚石微粒加入润滑脂中时，因纳米微粒沉积在摩擦接触区域，及时填补摩擦损伤部位，产生修复作用，同时阻止裂纹进一步发展，大大改善了摩擦表面的润滑状态和润滑性能。

信息产业中的纳米风暴

第三次产业革命是微电子与信息技术引发的，信息产业是计算机和通信设备行业为主体的IT产业，包括了电讯、电话、印刷、出版、新闻、广播、电视等传统的信息部门和新兴的电子计算机、激光、光导纤维、通信卫星等信息部门。

有科学家预言，新一次产业革命将以纳米材料的出现和纳米技术广泛应用所引发，并将给人类和社会带来深刻的变化，其影响力将远远超过计算机革命。这是因为纳米材料和纳米技术在材料科学、信息科学、环境科学、机械制造、电子技术、生物遗传、高分子化学以及国防和空间技术等众多领域都有着广阔的应用前景，尤其是它将会在信息产业引起一场纳米风暴，席卷整个信息产业。

纳米技术在
微电子和
计算机技术领域
应用体现

一是
能够支持更高的软
件，数字电视、3G（第
三代数字通信），需要更
高、更快、更真的传输
速度。

二是
制造出新一代硬件，包
括网络通信和数字传输的
关键器件，如激光、过滤
器、谐振器、微电容、
微电极等的制造。

戈登·摩尔
(Gordon Moore)
英特尔 (Intel) 创始
人之一

信息产业的极限

　　1965年，时任仙童半导体公司研究开发实验室主任的摩尔在一篇观察评论报告中，提出这样一个推断：每个新芯片的容量大约是前一个芯片容量的两倍，每个新芯片都会在前一个芯片产生后的18~24个月内产生。

　　经过多年验证，摩尔的推断被证明是正确的。为此，把这一推断称为摩尔定律。提出摩尔定律的基本依据是芯片技术的发展是没有极限的，不过有人提出"芯片技术的发展是有极限的"。

这就使人思考了：芯片技术的发展到底有没有极限？

要突破芯片进一步微型化的障碍，要突破0.1微米界线，就要寻求新的材料和新的技术。用纳米材料与纳米技术制造纳米级器件，就可以实现突破芯片进一步微型化。

用纳米技术制作的纳米芯片有两个新突破：一是用铜替代铝，它使芯片体积更小、造价更低、传导速度更快；另一个突破是"瞬时"存储器，它使存储量成倍增加，这两个新的突破将导致超级纳米芯片问世。

计算机使用的硅芯片已经到达其物理极限，体积无法再小，通电和断电的频率无法再提高，耗电量也无法再减少。要突破上述限制的唯一办法就是利用纳米材料和纳米技术，这是一种崭新的思维方式，绝不是单纯的尺寸减小。科学家们认为，解决这个问题的途径是研制"纳米晶体管"，并用这种纳米晶体管来制作纳米计算机。

纳米计算机是由纳米级器件构成的，其基本器件的尺寸为几纳米到几十纳米。它的运算速度将是硅芯片计算机的1.5万倍，而且耗费的能量也显著降低。如果"纳米晶体管"被成功研制出来，那么我们就会朝制造超快速纳米计算机的方向又前进一步。

知识链接

大规模集成电路

大规模集成电路，可用字母"IC"表示，是指含元件数1000～99999个，在一个芯片上集合有1000个以上电子元件的集成电路。集成电路是一种微型电子器件或部件，采用一定的工艺，把一个电路中所需的晶体管、二极管、电阻、电容和电感等元件及布线互连在一起，制作在一小块或几小块半导体晶片或介质基片上，然后封装在一个管壳内，成为具有所需电路功能的微型结构；另外，该电路上的所有元件在结构上已组成一个整体。

碳纳米管的贡献

要制造纳米计算机，需要研制"纳米晶体管"。"纳米晶体管"什么样子？用什么材料制成？它在电子学领域有什么用场？

1991年，日本科学家首次在电子显微镜里观察到由奇特的、纯碳组成的纳米量级的线状物，它是一种针状的管形碳单质，这就是碳纳米管。

碳纳米管，又名巴基管，是一种具有特殊结构的一维量子材料。它主要由呈六边形排列的碳原子构成数层到数十层的同轴圆管。层与层之间保持固定的距离，约为0.34nm，直径一般为2～20nm。它具有超高的反弹、张强度和热稳定性等。碳纳米管可以用来制造微型机器人、抗撞击车体、抗震建筑等。

但是，碳纳米管的第一个获得应用的领域是电子学领域，近年来，它已成为微电子技术领域的研究重心。

虽然碳纳米管的技术性能非常好，但在实用化之前还有许多问题需要解决，如包括纳米管在内的分子器件都存在对电磁场、温度和化学环境变化所引起噪声很敏感的问题；在一个分子就能起作用的情况下，如何控制环境的条件将是很大的挑战。另外，碳

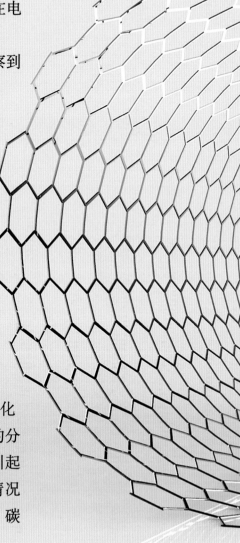

纳米管的制造成本和其他因素也制约了它的发展。

碳纳米管在电子学领域应用及其大规模推广仍将会是一个长期的过程。目前，很多知名大学的物理系以及IBM这样的跨国企业都在制造碳纳米管。我国对此项研究虽然起步较晚，但发展很快。目前碳纳米化学方兴未艾，内容丰富，前景诱人。我们应该相信通过对碳纳米管的深入研究，必然会带动相关学科的发展。

多种
碳纳米管
形式

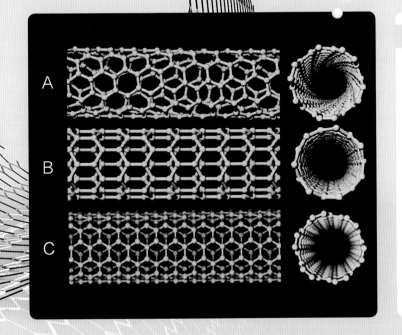

A

B

C

知识链接

纳米电子学

纳米电子学是研究纳米电子元件、电路、集成器件和信息加工的理论和技术的新学科。它代表了微电子学的发展趋势，并将成为下一代电子科学与技术的基础，它也是纳米科学与技术这一新兴学科的重要组成部分。

纳米计算机的诞生

碳纳米管被科学家预测是21世纪最有前途的纳米材料。但是，人们早先无法将它作为半导体材料使用。这是因为碳纳米管有两方面的内在缺陷：一是碳纳米管很难被整齐排列成晶体管电路；二是由于碳纳米管特殊的排列方式，当它被制成晶体管后，它们其中一部分像金属一样总是具有导电性。

美国科学家花了很大力气，找到了克服碳纳米管存在的缺陷，设计出一种聪明的计算方法，可以自动忽略排列混乱的那部分碳纳米管；另一方面，他们将晶体管电路中总是具有导电性的那部分烧毁，结果就得到一个正常的电路。

2013年9月26日，美国斯坦福大学宣布，人类首台基于碳纳米晶体管技术的计算机已成功测试运行，它的芯片是由碳纳米管构成，它是将纳米碳管植入硅片中。

斯坦福大学
开发的首台基于
碳纳米晶体管技术
的计算机

在纳米材料和纳米技术发展史上，人类历史上第一台纳米计算机的发明是一个了不起的科技成就。就像有科学家评论那样，"这是有史以来人类利用碳纳米管生产出的最复杂的电子设备"，而且制造这台"最复杂的电子设备"不需要建设超洁净生产车间，也不需要昂贵的实验设备和庞大的生产队伍，只要在

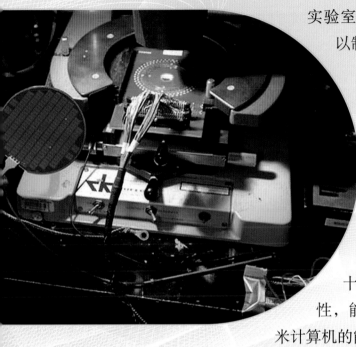

实验室里将设计好的分子合在一起，就可以制造出芯片。

美国斯坦福大学该项实验的成功，证明了人类有望在不远的将来可以摆脱当前硅晶体技术，可用纳米技术来生产新型电脑设备。

纳米计算机与传统计算机完全不同，它是用纳米材料和纳米技术研发的新型高性能计算机。它的纳米管元件尺寸为几纳米到几十纳米，质地坚固，有着极强的导电性，能代替硅芯片制造计算机。另外，纳米计算机的能耗极低。

硅纳米
光子芯片

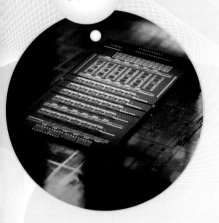

知识链接

纳米芯片

纳米芯片是用纳米材料和纳米技术制成的芯片，其集成电路的特征尺寸小到纳米级范围。一般芯片的半导体集成电路都是采用光刻技术制作出来的，其特征尺寸无法小到纳米级范围。特征尺寸指的是工艺能精确控制的最小的结构尺寸，并不是说这个芯片就这么大。

神奇的纳米生物传感器

生物传感器是在20世纪70年代发展起来的高科技，是对生物物质敏感并将其浓度转换为电信号进行检测的仪器。它在食品工业、环境监测、发酵工业、医学等方面得到了高度重视和广泛应用。

纳米技术出现后，科研人员将纳米技术引入生物传感器领域，出现了纳米生物传感器，被称为第三代生物传感器。纳米材料与其他材料或纳米材料之间的联用，可把传感器的性能提高到新水平，使其不仅体积小，而且速度快、精度高、可靠性好，还能实现多功能化和选择性检测。

由于纳米生物传感器具有选择性高、分析速度快、操作简易和仪器价格低廉等特点，而且可进行在线甚至活体分析，在临床诊断、环境监测、食品工业等方面得到了快速应用。

科学家们能用纳米传感器通过简单测量荧光强度来直接确定细胞内转录因子的活动，确定病人癌细胞中的哪个转录因子被激活，哪个被抑制，以便医生对症下药。

银纳米粒子

日本研究人员研制出金银纳米粒子，它可用于制作高灵敏度生物传感器，以帮助医生检查患者的血液、尿液或基因诊断等。如果使用这种纳米粒子，生物传感器的性能将实现飞跃性提高，成本也将大幅降低。

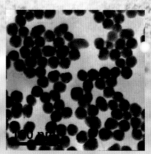

方便的纳米显示器

科学会堂的科普报告就要开始了，报告的题目是纳米材料的应用。没有黑板，也没有投影仪。报告人从包里拿出一本特殊的挂历，他把挂历在讲台前一挂，又从电脑包中拿出笔记本电脑，科普报告就这样开始了。

纳米
显示器

那本挂历是一个可以折叠的纳米显示屏，用碳纳米管制成，能像纸那样随意折叠。你要作报告，它就是投影仪；你想看电影，只要从口袋里把它掏出来，按一下上面的触摸型的按钮，就可以把它搭在手上，或放在桌子上，甚至是胳膊上、腿上，它就是显示屏。

随着科学技术的发展和人民生活水平的提高，大屏幕高清晰平板电视越来越受到人们追捧。出现了阴极射线管显示、液晶显示、有机电致光显示、等离子显示、场致发射显示等显示器，特别是场致发射显示器兼有阴极射线显像管的高画质，以及液晶显示器的外形薄低功耗特性。近年来在高科技显示器竞赛中，碳纳米管场发射显示器异军突起，发展迅猛。

随着纳米技术的发展，以及人们对碳纳米管场发射性质日益深入的了解，使碳纳米管场发射显示器件走向实用成为可能。以碳纳米管为材料的显示器将是很薄的。韩国的三星电子公司已展示了从纳米管发射电子轰击屏幕的显示屏，估计碳纳米管显示屏将很快会上市。

碳纳米管场发射显示器有可能在各种高科技显示器竞赛中胜出，同时也有望走进寻常百姓家。

知识链接

场发射显示器

场发射显示器（FED）发光原理是在发射与接收电极中间的真空带中导入高电压以产生电场，使电场刺激电子撞击接收电极下的荧光粉，而产生发光效应。它的发光原理与阴极射线管（CRT）类似，都是在真空中让电子撞击荧光粉发光，不同之处在CRT由单一的电子枪发射电子束，而FED显示器拥有数十万个主动冷发射子。

"抗菌键盘"的秘密

计算机的键盘上潜伏着大量肉眼看不到的细菌，特别是公用计算机，细菌数量已经严重超标。英国微生物学家查尔斯·格巴博士领导的科研组织研究测试了33个键盘样本，发现每平方英寸的键盘上藏有3295种细菌，相比之下，卫生间的马桶座圈每平方英寸才有49种细菌。

键盘上的细菌传播一些疾病，危害电脑用户的身体健康。为了防止键盘成为疾病传染源，电脑生产厂

商包括笔记本厂商都在产品设计上下了很大功夫，陆续推出了各种"抗菌键盘"。

"抗菌键盘"之所以能抗菌，秘密在于制作键盘的材料中添加了抗菌防霉剂来实现。纳米材料的出现，使"抗菌键盘"有了强大的抗菌能力。以原子结构组成的银粒子纳米银对一些病毒和病原体有极强的抑制能力，可用于抗菌陶瓷、抗菌塑料及其他抗菌日用品。

纳米银之所以能够杀菌，是因为银可以强烈地吸附细菌体内蛋白酶上的巯基，迅速与之结合，使蛋白酶丧失活性，导致细菌死亡。而且，体积很小的纳米银更可以"深入内部"，直接杀死菌体。当细菌被纳米银杀死后，纳米银又从细菌尸体中游离出来，再与其他病菌接触，周而复始地进行上述过程，这也是纳米银杀菌具有持久性的原因。纳米银在杀菌过程中不会破坏人体的免疫系统，对人体不会有任何毒性反应和刺激反应。

根据权威组织测试结果表明，纳米银可以把99.9%的细菌杀灭，使笔记本键盘区变成真正的"无菌区"，极大地降低笔记本键盘传播细菌的概率。

知识链接

纳米银

纳米银是一种固体粉末，其直径通常为20～50nm，它是通过物理和化学方法将常规的金属银加工成颗粒直径小于100nm的金属银单质。

我们未来的纳米生活

纳米材料和纳米技术的潜在威力和诱人的应用前景吸引着人们的目光。有科学家预言，纳米材料可能会引发新一次产业革命，一场纳米材料风暴可能正在向我们扑面而来！纳米材料将给人类和社会带来深刻的变化。

科学家预言能否成真？我们未来的纳米生活将是什么样的？

现在就让我们来预测一下它的未来！

在家电、纺织等轻工业领域，纳米材料的应用可以开发出一代代令人眼花缭乱的新产品，如纳米洗衣机、纳米冰箱、纳米化妆品、纳米雨伞、纳米涂料、纳米黏合剂、纳米塑料、纳米橡胶、纳米陶瓷等。正是有了这些用纳米材料制造的新产品，我们的生活才越来越有期盼，越来越有新意。

在信息产业方面，可以利用纳米材料与纳米技术，制造尺寸小、功耗低、反应灵敏的纳米器件。纳米计算机可以用方糖大小的存储设备存储数万亿字节的信息；纳米芯片可以存储容量为目前芯片上千倍的信息。计算机在普遍采用纳米材料后，可以缩小成为"掌上电脑"，携带十分方便而精度却达到原子精密度。

在能源环境领域，纳米材料将为人类提供绿色化的环保技术和产品，大幅度降低污染，提高人类生存的环境质量。

对普通百姓来说，纳米材料和纳米产品已经出现在我们身边，有的已经走进千家万户。它将改变我们的衣、食、住、行，改变我们的生活习惯与生活方式。

衣，用纳米材料制造的保暖衣、保暖被不仅给我们带来温暖，还轻盈、舒适；把银纳米微粒加入袜子、鞋垫的原料中，则可消除脚臭味。

食，在食物中添加纳米微粒，可除异味并杀菌；从纳米冰箱里拿出来食物可以抗菌；用纳米材料制造的果盘、保鲜盒可以延长食物保质期。

住，把纳米技术运用到涂料中，外墙涂料的耐刷洗性由原来的1000多次提高到10000次。玻璃和瓷砖表面涂上纳米薄层，可自洁。

行，汽车轮胎运用纳米材料生产不仅五彩斑斓，性能也将大大提高；车体涂刷高耐刮伤性和高耐候性"轿车涂层材料"，轿车上的油漆在紫外线照射下老化时间将被延长；同时这种油漆的附着力很强，在发生刮擦时也不容易掉漆。

用，在防晒油、化妆品中加入纳米微粒，将具备防紫外线功能。

一场纳米材料风暴正向我们迎面扑来！激动人心的纳米时代快要到来，我们的生活将发生巨大的变化！面对这一切，你准备好了没有？

图书在版编目（CIP）数据

纳米生活 ／ 施鹤群，吴猛编写. —上海：华东理工大学出版社，2015.8
（"纳米改变世界"青少年科普丛书）
ISBN 978-7-5628-4225-5

Ⅰ．①纳… Ⅱ．①施… ②吴… Ⅲ．①纳米技术–青少年读物 Ⅳ．①TB383-49

中国版本图书馆CIP 数据核字（2015）第174107号

"纳米改变世界"青少年科普丛书
纳米生活

编　　写	施鹤群　吴　猛
责任编辑	马夫娇
责任校对	金慧娟
装帧设计	肖祥德
出版发行	华东理工大学出版社有限公司
	地址：上海市梅陇路130号，200237
	电话：（021）64250306（营销部）
	（021）64251137（编辑室）
	传真：（021）64252707
	网址：press.ecust.edu.cn
印　　刷	常熟市华顺印刷有限公司
开　　本	889mm×1194mm　1/24
印　　张	2
字　　数	42千字
版　　次	2015年8月第1版
印　　次	2015年8月第1次
书　　号	ISBN 978-7-5628-4225-5
定　　价	19.80元

联系我们　电子邮箱：press@ecust.edu.cn
　　　　　官方微博：e.weibo.com/ecustpress
　　　　　天猫旗舰店：http://hdlgdxcbs.tmall.com

"纳米改变世界"
青少年科普丛书编委会

主　编　陈积芳

副 主 编　戴元超
执行主编　娄志刚

编委会成员（以姓氏笔画为序）
王建新　韦传和　朱　鋆
李　聪　吴　沅　吴　猛
沙先谊　沈　顺　张奇志
张晓平　陈积芳　庞志清
施鹤群　娄志刚　蒋　晨
戴元超　魏　刚

因青少年科普图书题材的特殊性，需要引用大量图片以供青少年读者学习。本书编委会虽经多方努力，直到本书付印之际，仍未联系到部分图片的版权人，本书编委会恳请相关图片版权人在见书之后尽快来电来函，以便呈寄样书及稿费。